DEUTSCHE AKADEMIE DER WISSENSCHAFTEN ZU BERLIN

Veröffentlichungen der Sternwarte in Sonneberg

Band 4
Heft 1

C. HOFFMEISTER

Photographische Aufnahmen von Kometen

Akademie-Verlag GmbH · Berlin 1956

C. Hoffmeister

Photographische Aufnahmen von Kometen

Veröffentlichungen der Sternwarte in Sonneberg · Band 4, Nr. 1

DEUTSCHE AKADEMIE DER WISSENSCHAFTEN ZU BERLIN

Veröffentlichungen der Sternwarte in Sonneberg

Band 4

Heft 1

C. HOFFMEISTER

Photographische Aufnahmen von Kometen

Akademie-Verlag GmbH · Berlin 1956

Erschienen im Akademie-Verlag GmbH., Berlin W 8, Mohrenstraße 39
Lizenz-Nr. 202 · 100/314/56
Gesamtherstellung: Druckhaus „Maxim Gorki“, Altenburg
Bestell- und Verlagsnummer: 2006/IV/1
Preis: DM 15,50
Printed in Germany

Die photographischen Aufnahmen von Kometen, die in diesem Heft reproduziert sind, wurden sämtlich mittels des Astrographen 400/1600 mm der Sternwarte Sonneberg erhalten. Das Instrument war von der Firma Carl Zeiss erbaut und im Februar 1938 in Dienst gestellt worden. Das Objektiv war ein von Dr. SONNEFELD berechneter Vierlinser, der erste seiner Art mit dem Öffnungsverhältnis 1:4. Über die hervorragend guten Eigenschaften dieses Objektivs habe ich im Jahre 1939 berichtet[1]). Das Instrument ist im August 1945 durch Demontage verlorengegangen. Während der 7 Jahre seiner Verwendung sind 1658 langbelichtete Aufnahmen gewonnen worden. Hellere Kometen wurden regelmäßig beobachtet, und alle in physikalischer Hinsicht wertvollen Aufnahmen sind in diesem Heft wiedergegeben.

Die Belichtungszeiten sind relativ lang. Das Ziel war immer die bestmögliche Darstellung der Schweifstruktur, wobei es unvermeidlich ist, daß die kopfnahen Teile überbelichtet sind. Mit zwei Ausnahmen sind die Beobachtungen vom Verfasser dieser Mitteilung ausgeführt. Die Zeitangaben sind Weltzeit (Universal Time). Die Nachführung geschah durch einen Siemens-Reluktanzmotor mit Sekundenkontrolle. Während der Kriegsjahre traten nicht selten, besonders im Zusammenhang mit Luftangriffen, so starke Störungen der Netzfrequenz auf, daß der Wirkungsbereich der Sekundenkontrolle erheblich überschritten wurde, doch macht sich dies auf den Bildern nur durch eine leichte Deformation der Sternspuren bemerkbar.

Nicht geringe Mühe und großen Zeitaufwand verursachte das Problem der bestmöglichen Wiedergabe der Bilder. Nachdem Versuche mit Lichtdruck kein befriedigendes Ergebnis gezeitigt hatten, entschieden wir uns für Autotypie unter Verwendung eines feinen Rasters. Ich danke Herrn Prof. Dr. K. WURM in Bergedorf bei Hamburg für Begutachtung der Versuche und meinem Mitarbeiter P. AHNERT für die Herstellung der Druckvorlagen. Herrn Dr. K. WENSKE, Direktor der Leonar-Werke in Hamburg-Wandsbeck, danke ich für die Überlassung von Photopapieren, doch fanden auch Papiere der Agfa-Filmfabrik Wolfen Verwendung. Der Akademie-Verlag hat sich in dankenswerter Weise um die Lösung der drucktechnischen Aufgaben bemüht.

Die Einschaltung zweier phototechnischer Prozesse und des Druckes zwischen das Negativ-Original und die Reproduktion kann selbstverständlich nicht ohne nachteilige Folgen bleiben. Das gilt in erster Linie für die Helligkeitswerte, die zum Teil stark entstellt wurden, weniger für den Gesamteindruck und kaum oder gar nicht für die relative Lage der Strahlen und Wolken. Dies ist eigentlich eine Selbstverständlichkeit, die jedem bekannt sein muß, der solche Reproduktionen für wissenschaftliche Zwecke auswertet. Eine Papierkopie oder gar eine Reproduktion kann, wenn es sich um photometrische Probleme handelt, niemals das Originalnegativ ersetzen. Wir haben uns jedoch bemüht, die Reproduktionen so zu gestalten, daß sie für die Messungen von Lagebeziehungen

---

[1]) C. HOFFMEISTER, Die Leistungen des vierlinsigen Objektivs 400/1600 mm der Firma Carl Zeiss. AN 268. 17, 1939.

geeignet sind. Darüber hinaus sollen die Bilder die Fachgenossen unterrichten, welches Material auf der Sternwarte Sonneberg vorhanden ist und den Interessenten zur Verfügung gestellt werden kann.

Die Wiedergabe der Bilder geschah im Maßstab 1:1 der Originale. Folgende Beziehungen sind durch Messungen nahe der Plattenmitte erhalten:

$$1\,\text{cm} = 21.60 \text{ Bogenminuten}$$
$$1^\circ = 27.78\,\text{mm}$$
$$1' = 0.463\,\text{mm}.$$

Diesen Werten entspricht eine Brennweite von 1592 mm.

Nachstehend bezeichnete Kometen wurden beobachtet:

1939 I = 1939 a Kozik-Peltier
1939 III = 1939 d Jurlof-Achmarof-Hassel
1941 I = 1940 c Cunningham
1941 IV = 1941 c Paraskevopoulos
1943 I = 1942 g Whipple-Fedtke.

Der Hauptteil der Aufnahmen betrifft den Kometen 1943 I. Ein Zusammentreffen glücklicher Umstände hinsichtlich Bahnlage und Helligkeit und ungewöhnlich günstige Wetterverhältnisse ließen hier ein sehr vollständiges Beobachtungsmaterial zustandekommen. Dabei ist dieser Komet wohl der aktivste, der je physikalisch beobachtet worden ist. Er übertrifft darin ohne Zweifel den Kometen 1908 c Morehouse. Die Aufnahmen dieses Objektes von MAX WOLF in Heidelberg sind bekanntlich jetzt noch die Grundlage neuer Forschungsarbeiten. So ist zu erwarten, daß auch 1943 I zu ähnlichem Ansehen gelangen wird.

Es bleibt zum Schluß noch darauf hinzuweisen, daß eine teilweise Auswertung des Materials bereits auf der Sternwarte Sonneberg vorgenommen worden ist [2]) [3]) [4]).

---

[2]) C. HOFFMEISTER, Physikalische Untersuchungen an Kometen. I. Die Beziehungen des primären Schweifstrahls zum Radiusvektor. Z Ap **22**. 265, 1943.

[3]) P. AHNERT, Der Komet 1942 g (Whipple-Fedtke). Z Ap **22**. 286, 1943.

[4]) C. HOFFMEISTER, Physikalische Untersuchungen an Kometen. II. Die Bewegungen der Schweifmaterie und die Repulsivkraft der Sonne beim Kometen 1942 g. Z Ap **23**. 1, 1943.

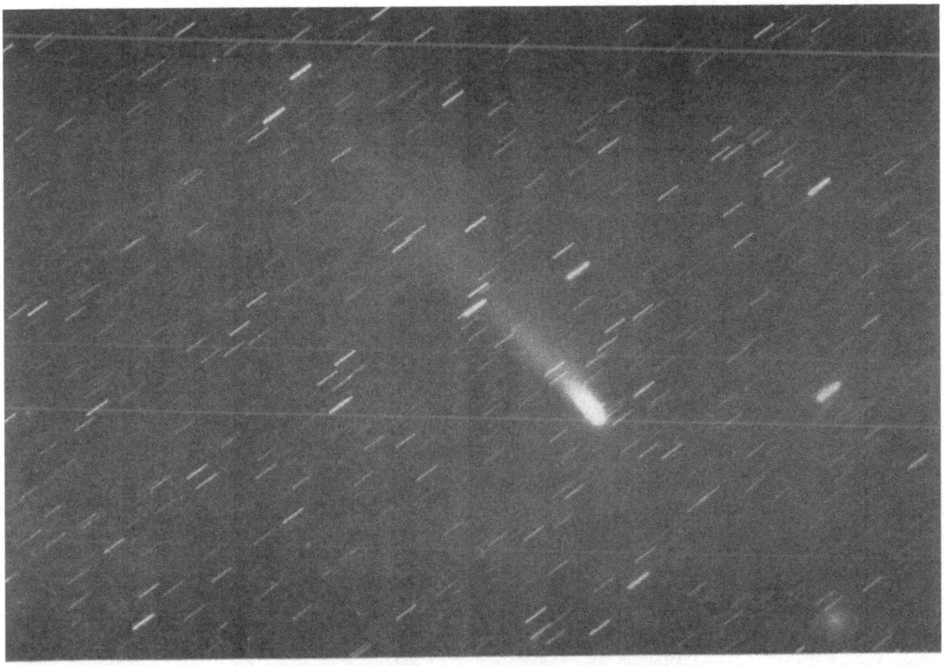

Bild 1. Komet 1939 I

1939 Februar 7 $17^h 48^m.3$ bis $18^h 48^m.3$ Platte GA 239

Bild 2. Komet 1939 I

1939 Februar 14 $17^h 55^m.2$ bis $18^h 43^m.2$ durch Ci gestört Platte GA 246

Bild 3. Komet 1939 III

1939 April 19 $20^{h}\,14^{m}_{.}9$ bis $21^{h}\,14^{m}_{.}9$ durch Cs gestört Platte GA 297

Bild 4. Komet 1939 III

1939 April 20 $19^h\,59^m\!.1$ bis $21^h\,19^m\!.1$ Platte GA 300

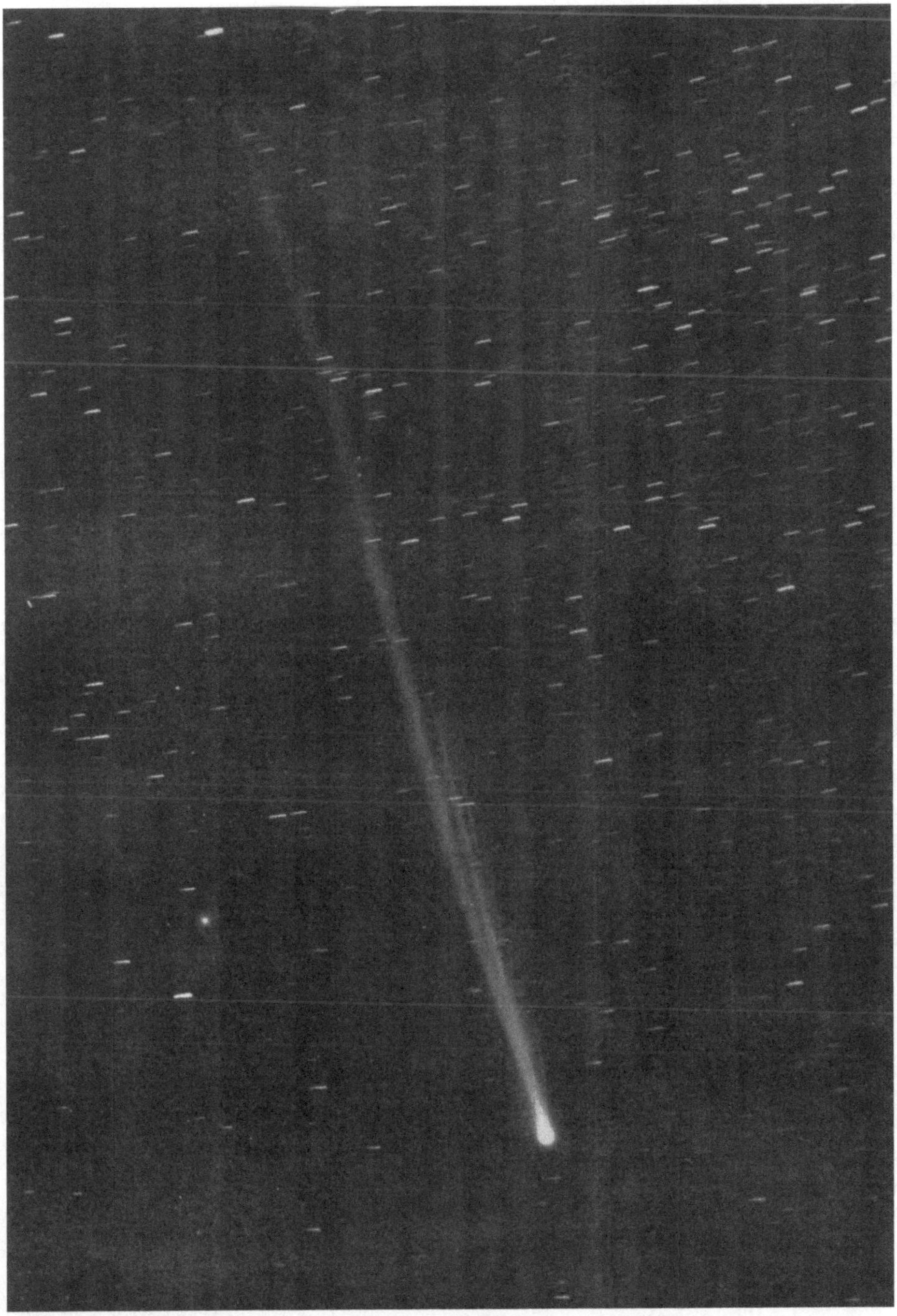

Bild 5. Komet 1939 III

1939 April 21 $1^h\ 54^m.6$ bis $2^h\ 26^m.9$ zuletzt Dämmerung — Platte GA 303

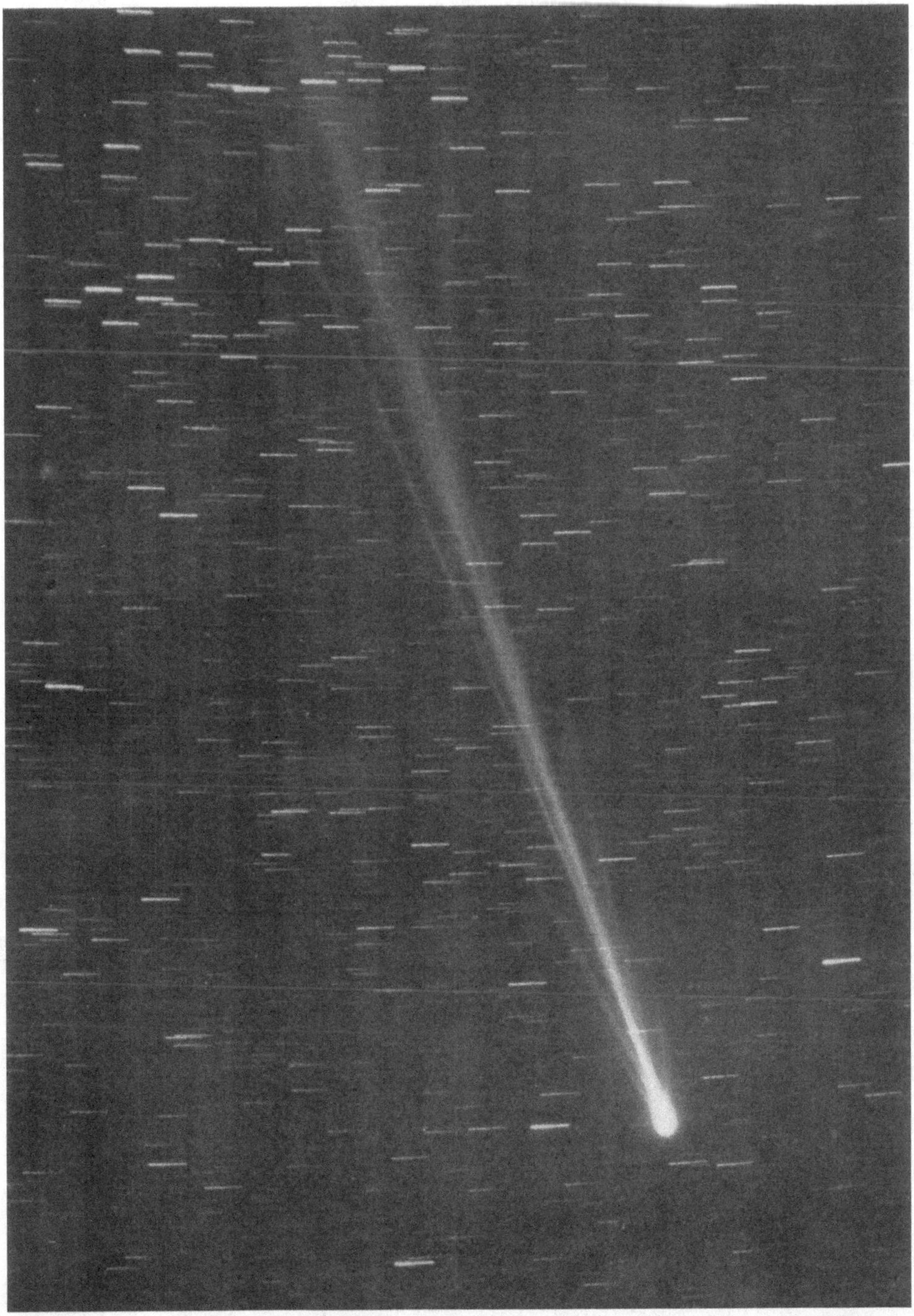

Bild 6. Komet 1939 III

1939 April 21 $20^h\,7^m.8$ bis $21^h\,27^m.8$ anfangs einige Wolken Platte GA 304

Bild 7. Komet 1939 III

1939 April 22 $20^{h}\,2^{m}_{.}2$ bis $21^{h}\,2^{m}_{.}2$ Schwacher ☽ Platte GA 307

Bild 8. Komet 1939 III

1939 April 22 $21^h\,2^m\!.8$ bis $22^h\,2^m\!.8$ Anfangs etwas Ci Platte GA 308

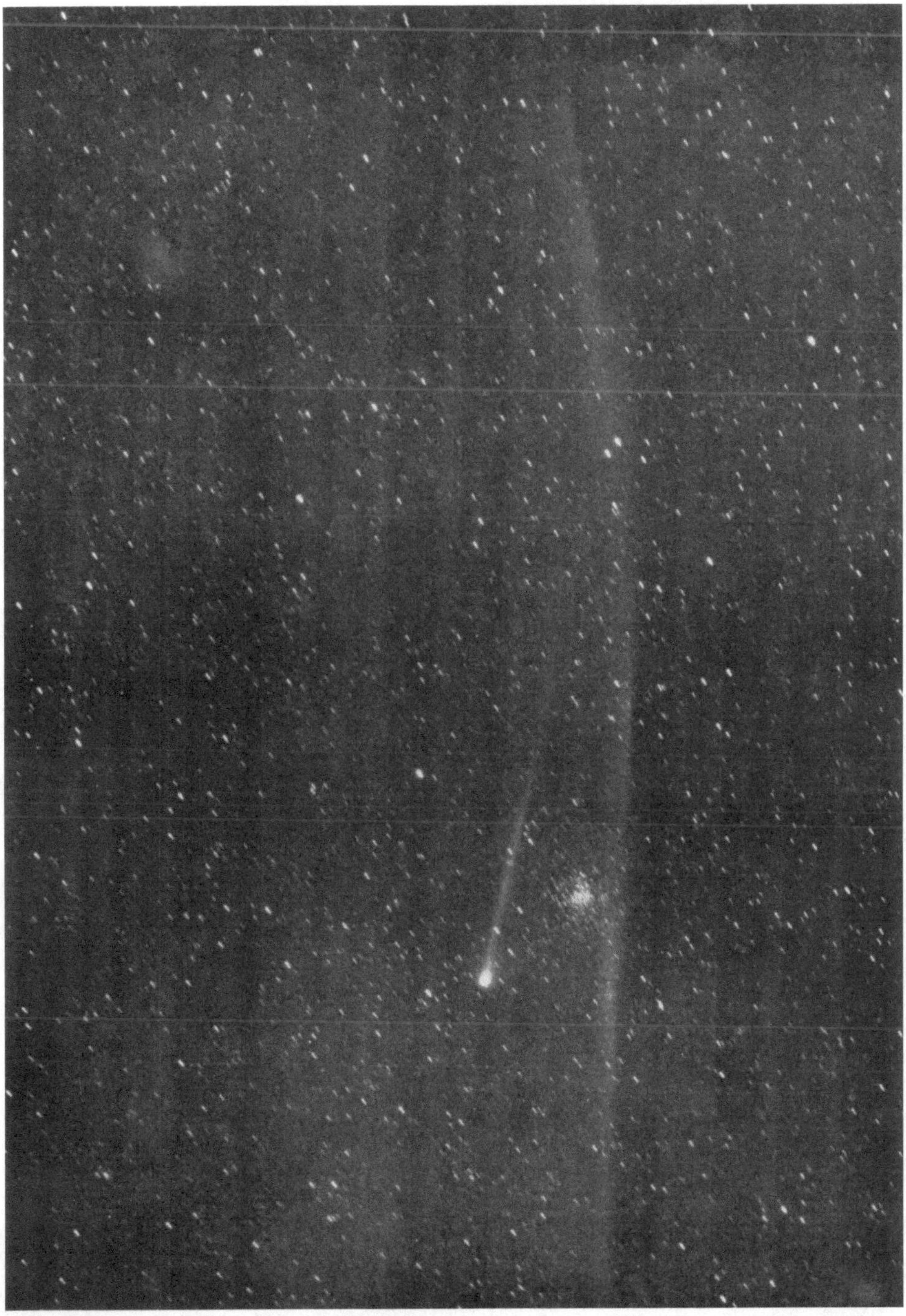

Bild 9. Komet 1939 III

1939 Mai 6 $20^h\,35\overset{m}{.}7$ bis $21^h\,15\overset{m}{.}7$ Platte GA 311

Bild 10. Komet 1941 I

1940 Dezember 17 $16^h\ 54{}^m_.0$ bis $18^h\ 20{}^m_.0$ zuletzt schwacher ☽ Platte GA 76

Bild 11. Komet 1941 I

1940 Dezember 21 $17^h\,2^m\!.0$ bis $18^h\,32^m\!.0$ Platte GA 766

Bild 12. Komet 1941 I

1940 Dezember 22 17h 20m6 bis 18h 18m6 zuletzt Wolken Platte GA 769

Bild 13. Komet 1941 IV

1941 Februar 14 18h 5.m0 bis 19h 5.m0 vielfach Wolken, effektive Belichtung etwa 30m

Platte GA 797

Bild 14. Komet 1943 I

1943 Januar 18 $4^h\,49^m\!.8$ bis $5^h\,19^m\!.8$ verschleiert, zuletzt schwache Dämmerung

Platte GA 1224

Bild 15. Komet 1943 I

1943 Januar 25 $19^h\,3^m\!.5$ bis $20^h\,6^m\!.5$ Platte GA 1226

Bild 16. Komet 1943 I
1943 Februar 8 $1^h\,45\overset{m}{.}8$ bis $2^h\,53\overset{m}{.}8$
zeitweise durch Wolken gestört Platte GA 1227

Bild 17. Komet 1943 I
1943 Februar 8 $22^h\,54\overset{m}{.}0$ bis $24^h\,58\overset{m}{.}0$
Platte GA 1229

Bild 18. Komet 1943 I

1943 Februar 22 18h 19.m0 bis 19h 5.m0 am Ende schwacher ☽ Platte GA 1231

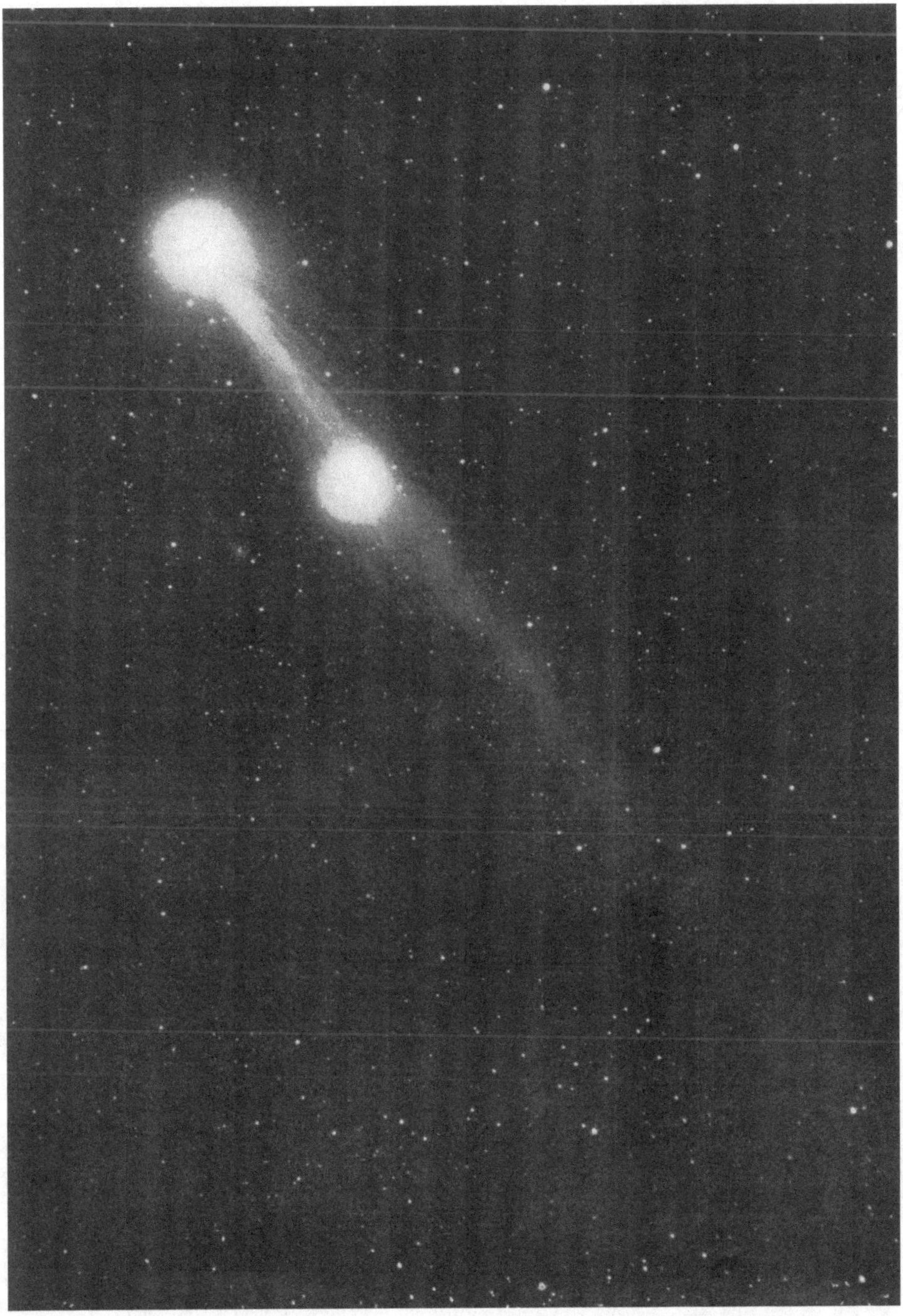

Bild 19. Komet 1943 I

1943 Februar 23 $20^h\,7^m\!.4$ bis $20^h\,30^m\!.4$ zunehmend ☽ Platte GA 1233

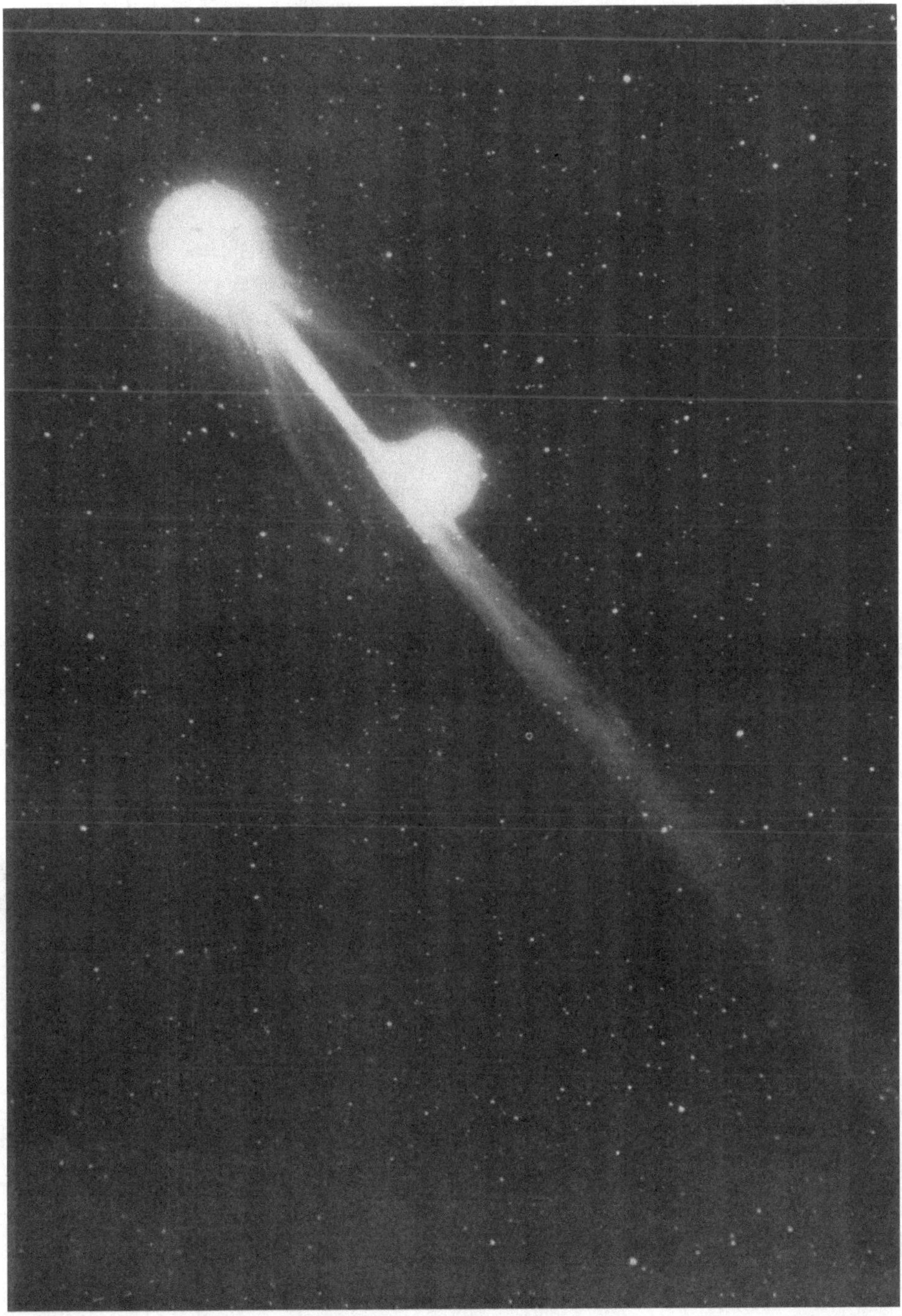

Bild 20. Komet 1943 I

1943 Februar 24 20h 52m0 bis 21h 27m0 Platte GA 1236

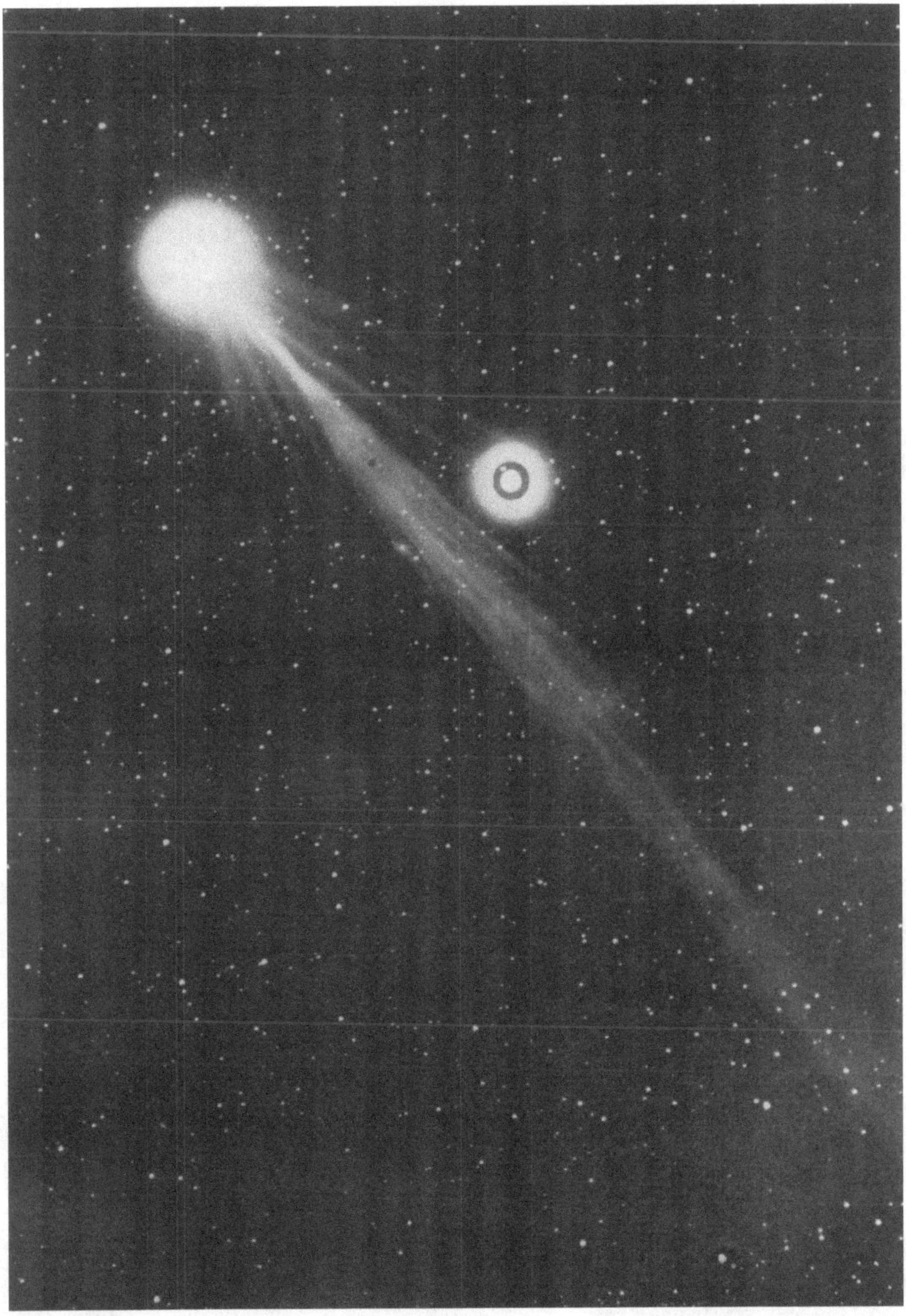

Bild 21. Komet 1943 I

1943 Februar 25 $21^h\,58^m.0$ bis $22^h\,38^m.0$ Platte GA 1240

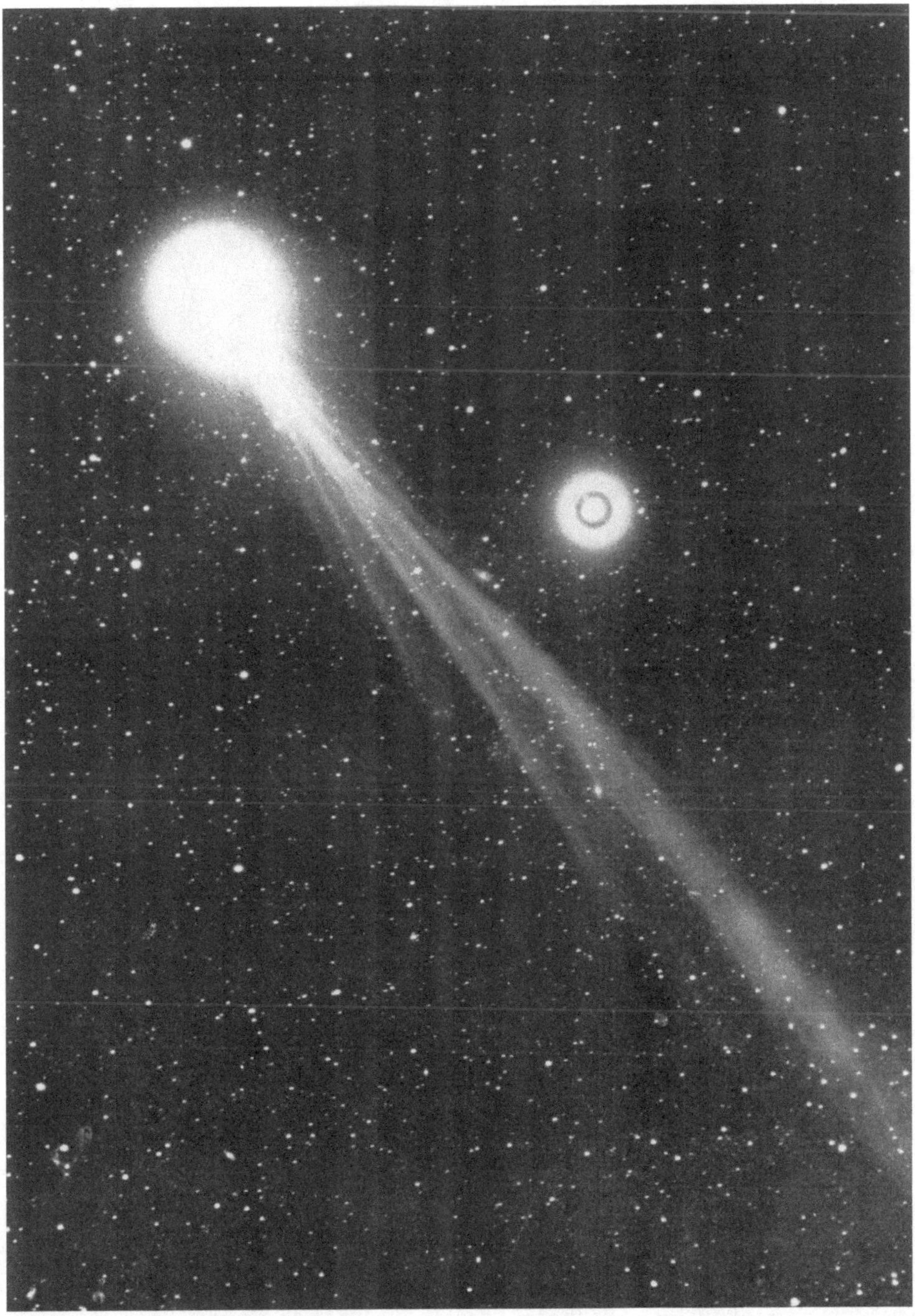

Bild 22. Komet 1943 I

1943 Februar 26 $21^h\,27^m\!.6$ bis $22^h\,27^m\!.6$ Platte GA 124

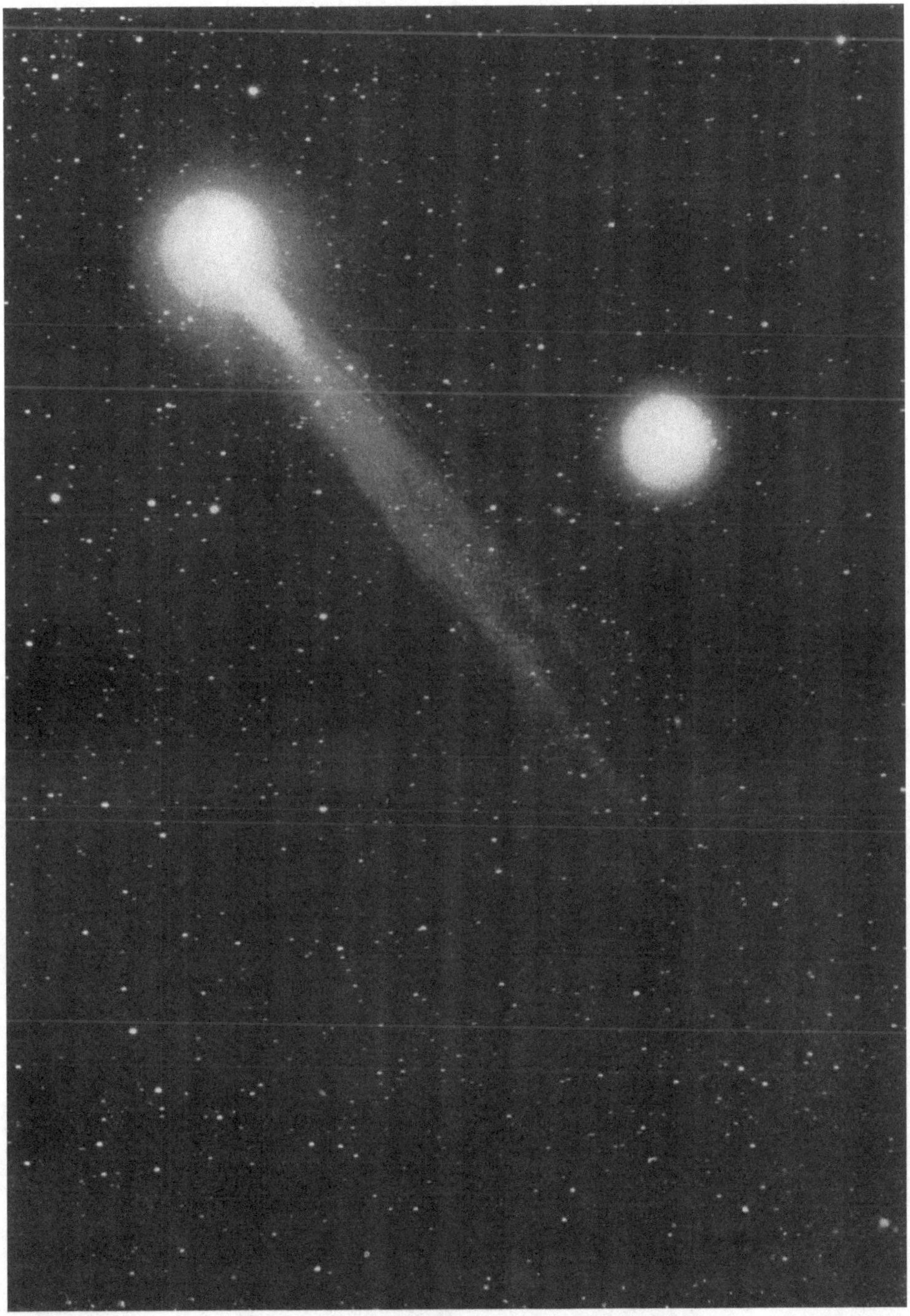

Bild 23. Komet 1943 I

1943 Februar 27 $20^h\,42^m\!.4$ bis $21^h\,52^m\!.4$ leichter Cs — Platte GA 1243

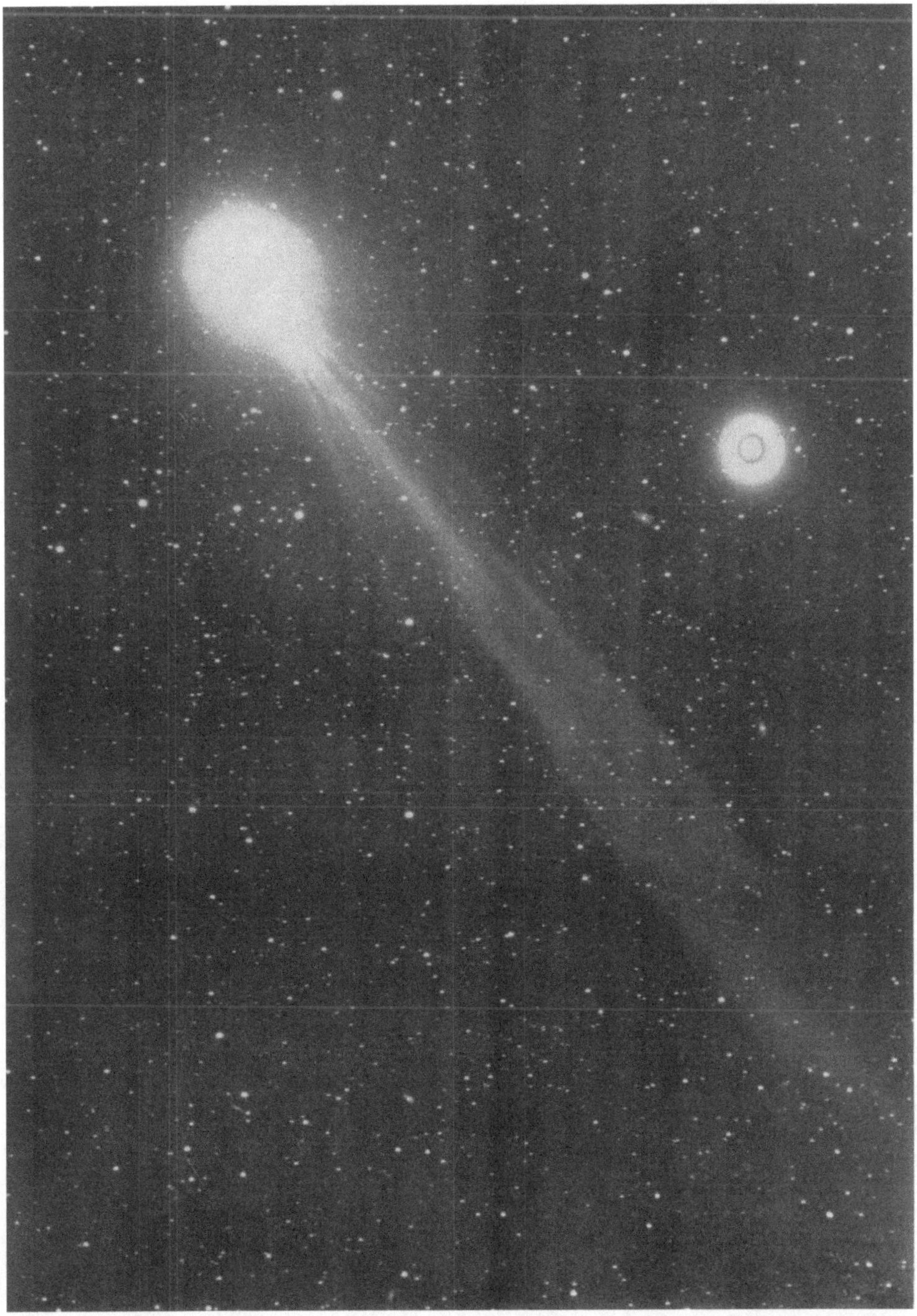

Bild 24. Komet 1943 I

1943 Februar 28 $18^h\ 30^m.3$ bis $19^h\ 30^m.3$ Platte GA 1245

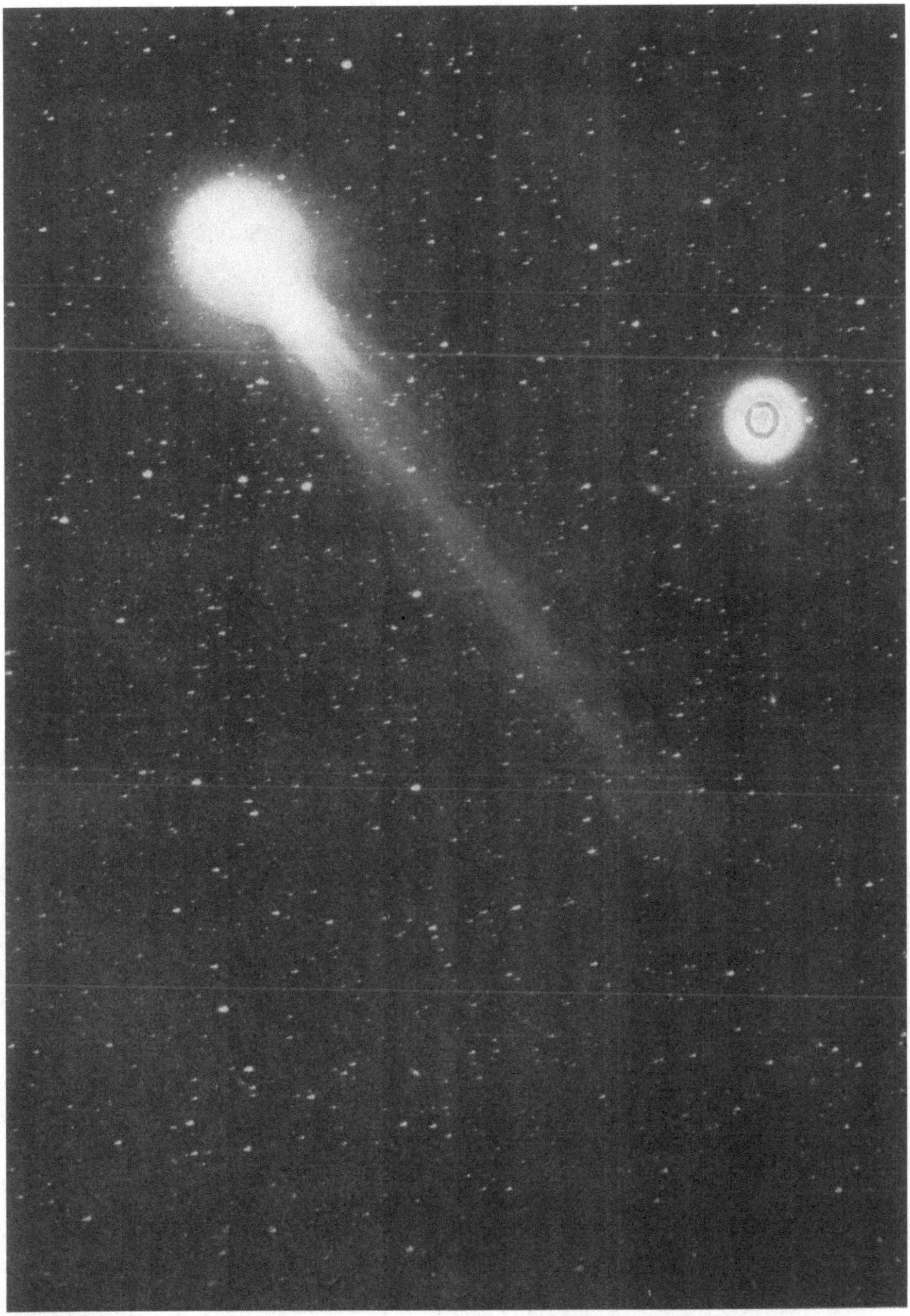

Bild 25. Komet 1943 I

1943 März 1 $0^h\,3^m\!.3$ bis $1^h\,3^m\!.3$ Führung zeitweise schlecht Platte GA 1250

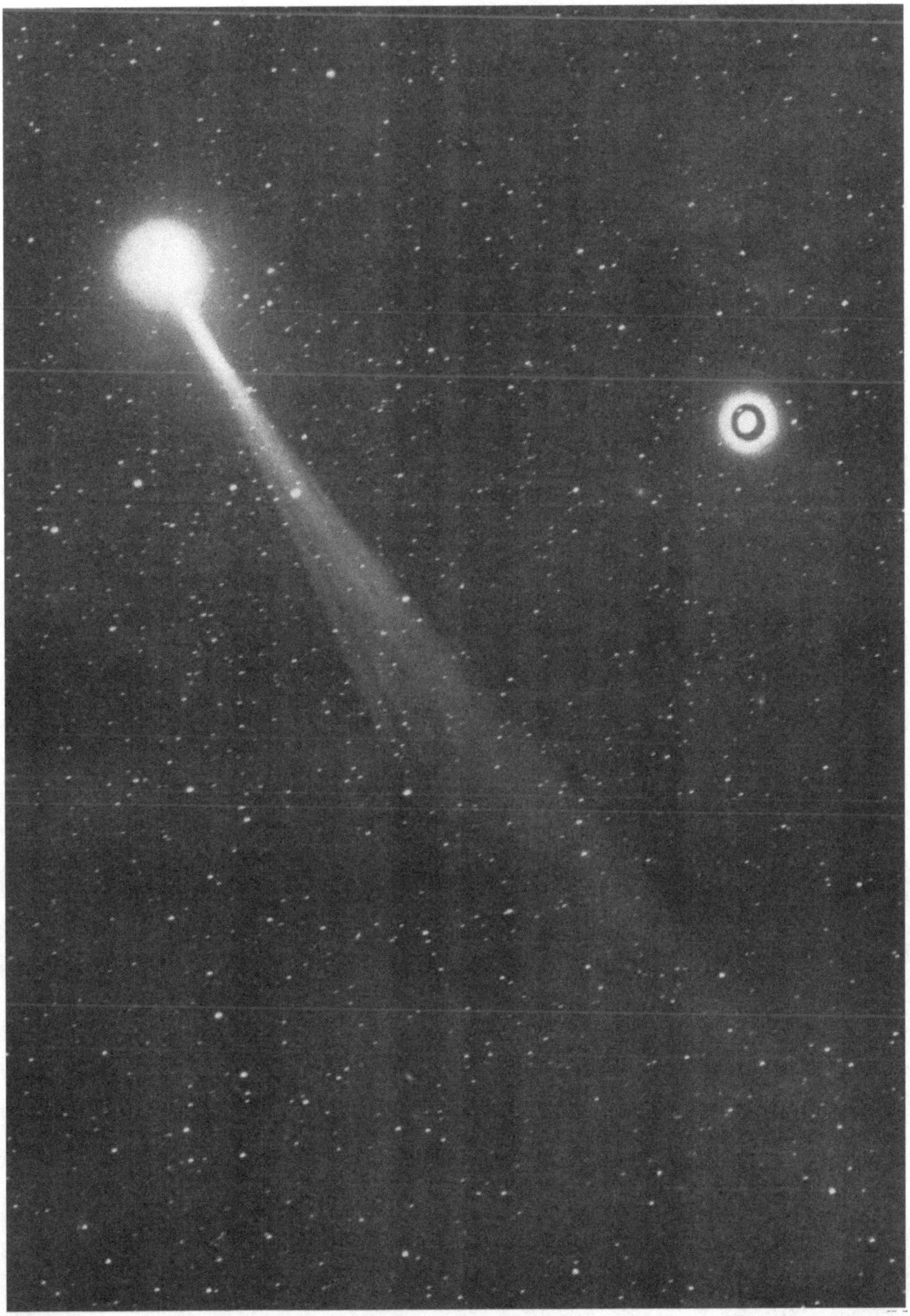

Bild 26. Komet 1943 I

1943 März 1 $23^h\ 6^m.7$ bis $24^h\ 28^m.7$ zeitweise Wolken, effektive Belichtung etwa 50^m

Platte GA 1251

Bild 27. Komet 1943 I
1943 März 3 21h 56m.0 bis 22h 46m.0
Platte GA 1255

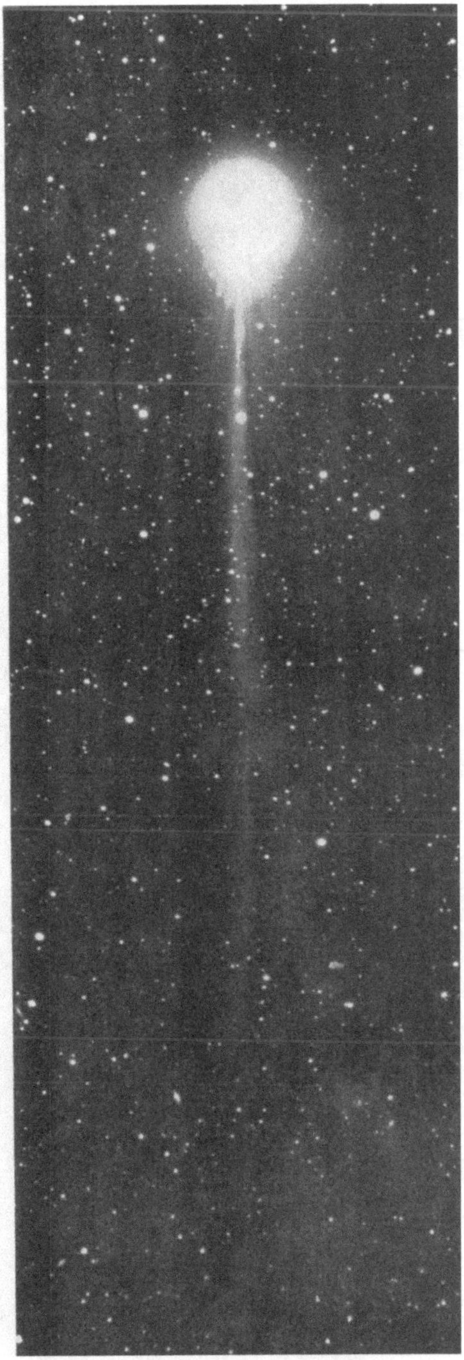

Bild 28. Komet 1943 I
1943 März 4 1h 26m.0 bis 2h 16m.0
Platte GA 1258

Bild 29. Komet 1943 I

1943 März 4 $19^{h}\,42^{m}.9$ bis $20^{h}\,32^{m}.9$ Platte GA 1261

Bild 30. Komet 1943 I

1943 März 4 $21^{h}\,38^{m}.9$ bis $22^{h}\,28^{m}.9$ Platte GA 1263

Bild 31. Komet 1943 I

1943 März 5 $1^h 10^m.0$ bis $2^h 20^m.0$ leichter Cs Platte GA 1266

Bild 32. Komet 1943 I

1943 März 5 $19^h 47{}^m\!.0$ bis $20^h 37{}^m\!.0$ Platte GA 1268

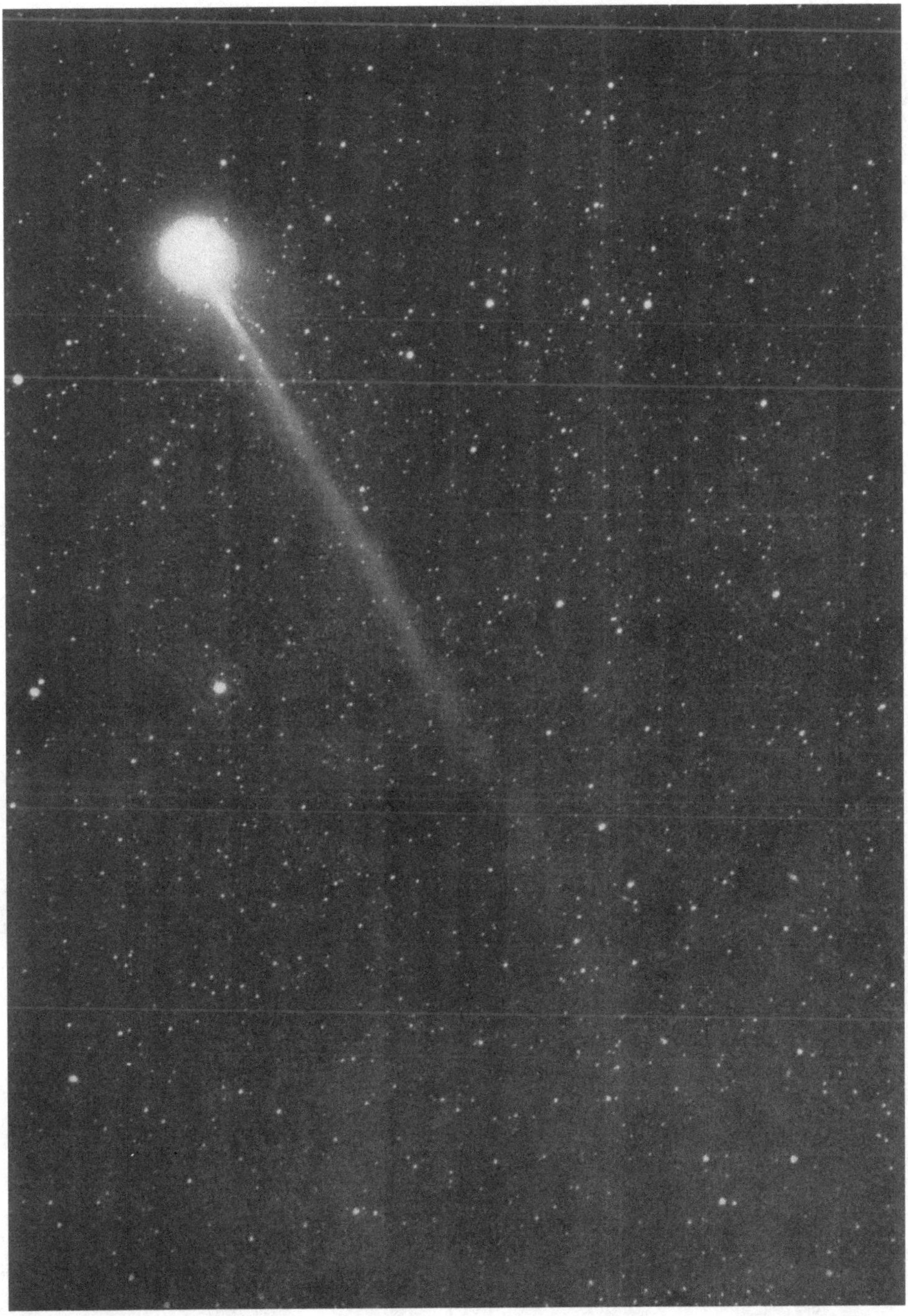

Bild 33. Komet 1943 I

1943 März 7 $19^h\,44^m\!.8$ bis $20^h\,36^m\!.8$ Platte GA 1271

Bild 34. Komet 1943 I

1943 März 7 $22^h\,41^m\!.8$ bis $23^h\,33^m\!.8$ Platte GA 1274

Bild 35. Komet 1943 I

1943 März 8 $2^h\,50\overset{m}{.}3$ bis $3^h\,42\overset{m}{.}3$ Platte GA 1277

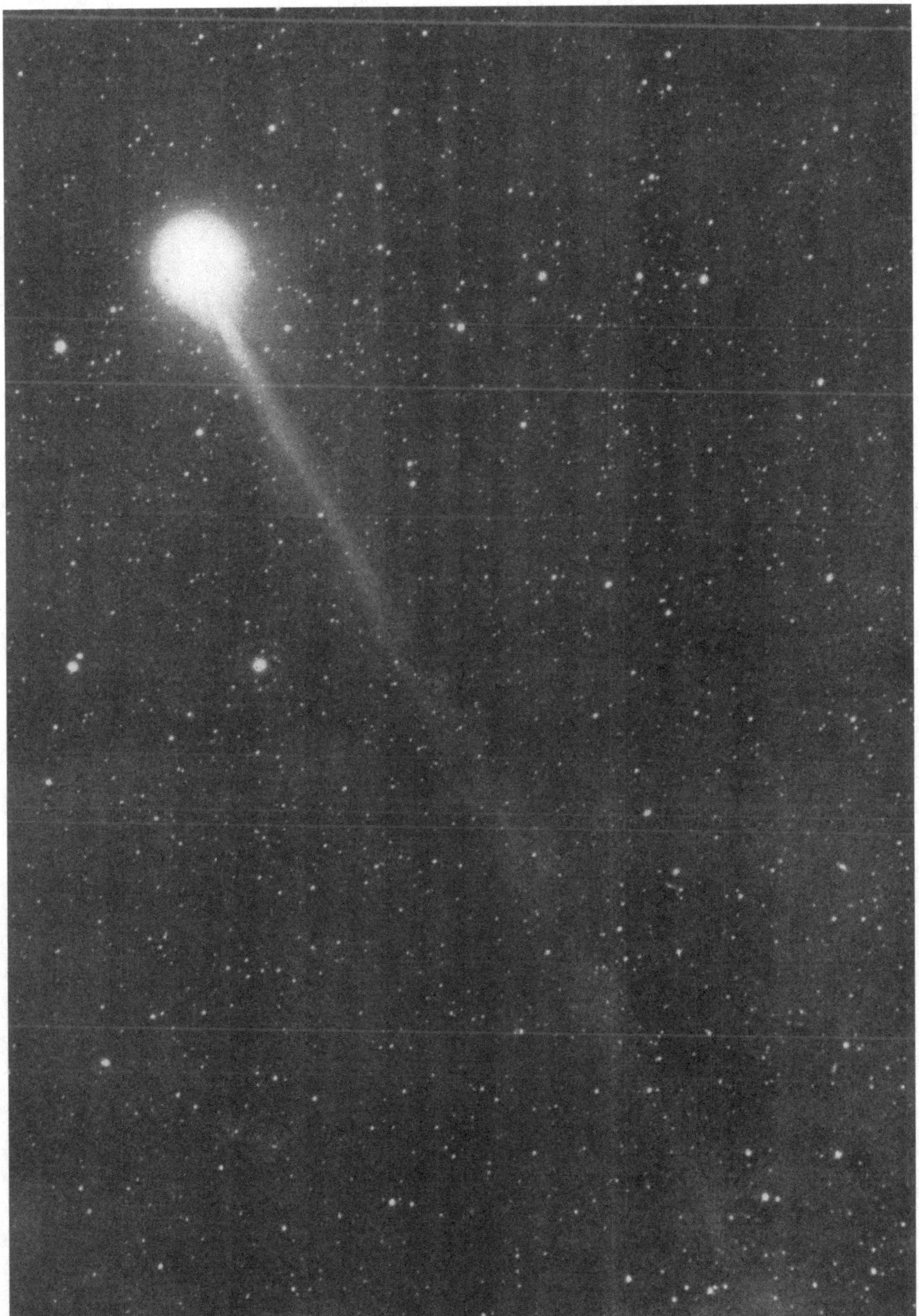

Bild 36. Komet 1943 I

1943 März 8 $20^h\ 8\overset{m}{.}0$ bis $21^h\ 0\overset{m}{.}0$ Platte GA 1279

Bild 37. Komet 1943 I

1943 März 8 22ʰ 3ᵐ0 bis 22ʰ 56ᵐ0 Führung schlecht, Frequenzstörung Platte GA 1281

Bild 38. Komet 1943 I

1943 März 8 23^h 3^{m}0 bis 23^h 56^{m}0 Platte GA 1282

Bild 39. Komet 1943 I

1943 März 9 $1^h\,30\overset{m}{.}0$ bis $2^h\,28\overset{m}{.}0$ Platte GA 1284

Bild 40. Komet 1943 I

1943 März 9 $2^h\,43^m\!.0$ bis $3^h\,41^m\!.0$ Platte GA 1285

Bild 41. Komet 1943 I

1943 März 9 $21^h\,26^m_.0$ bis $22^h\,16^m0$ Dunst Platte GA 1287

Bild 42. Komet 1943 I

1943 März 9 $22^h\,31^m\!.0$ bis $23^h\,21^m\!.0$ Dunst, Frequenzstörung Platte GA 1288

Bild. 43 Komet 1943 I

1943 März 9 $23^h\ 37^m.0$ bis $24^h\ 27^m.0$ Dunst, aber zenitnah, Führung nicht gut Platte GA 1289

Bild 44. Komet 1943 I

1943 März 10 $0^h\,56^m\!.0$ bis $1^h\,46^m\!.0$ Dunst Platte GA 1290

Bild 45. Komet 1943 I

1943 März 10 $21^h\,47^m\!.0$ bis $22^h\,47^m\!.0$ Platte GA 1292

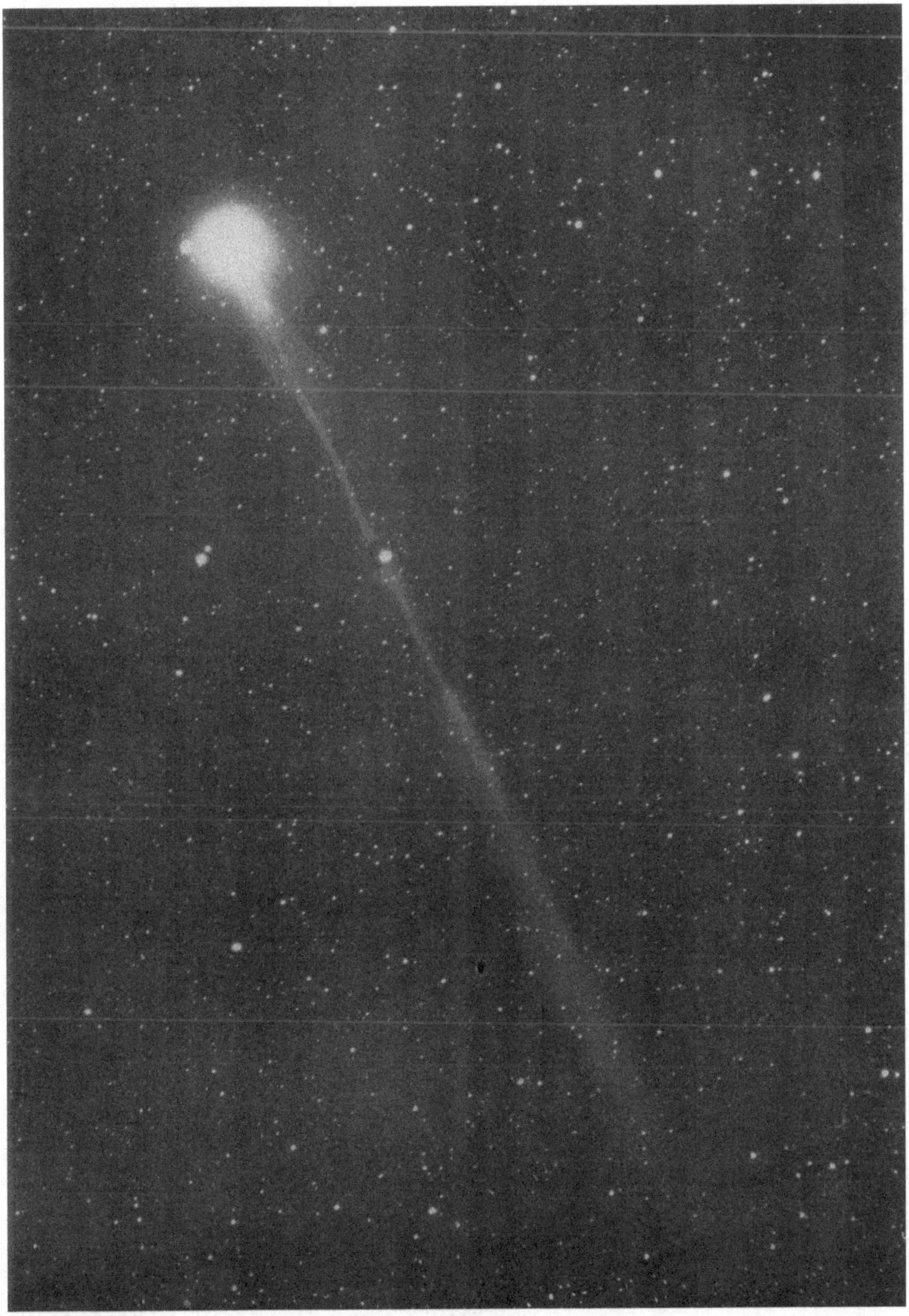

Bild 46. Komet 1943 I

1943 März 10 $23^h\,5^m.0$ bis $23^h\,55^m.0$ Platte GA 1293

Bild 47. Komet 1943 I

1943 März 11 $0^h\,6^m\!.0$ bis $0^h\,56^m\!.0$ Platte GA 1294

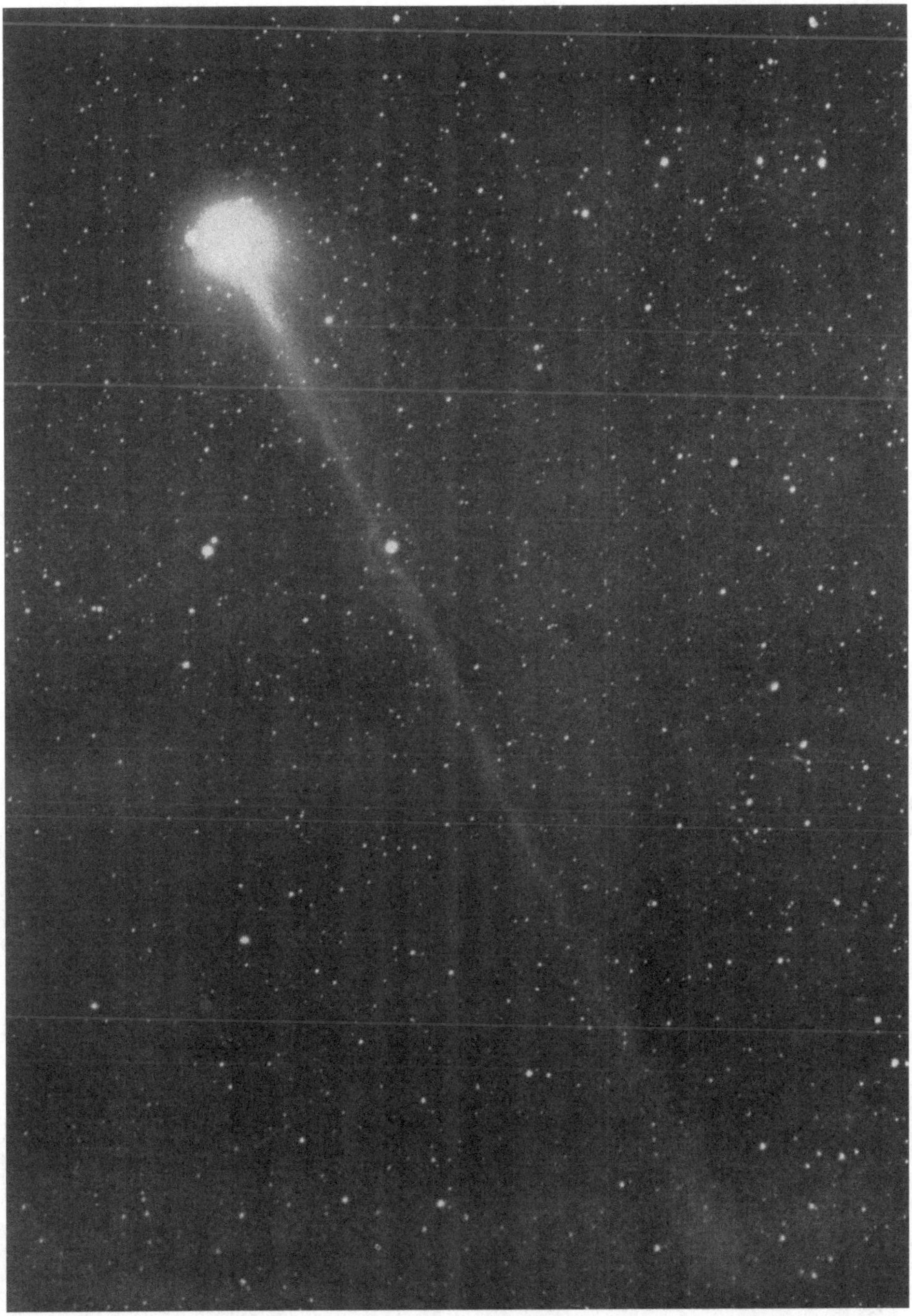

Bild 48. Komet 1943 I

1943 März 11 $1^h 10^m.0$ bis $2^h 0^m.0$ Platte GA 1295

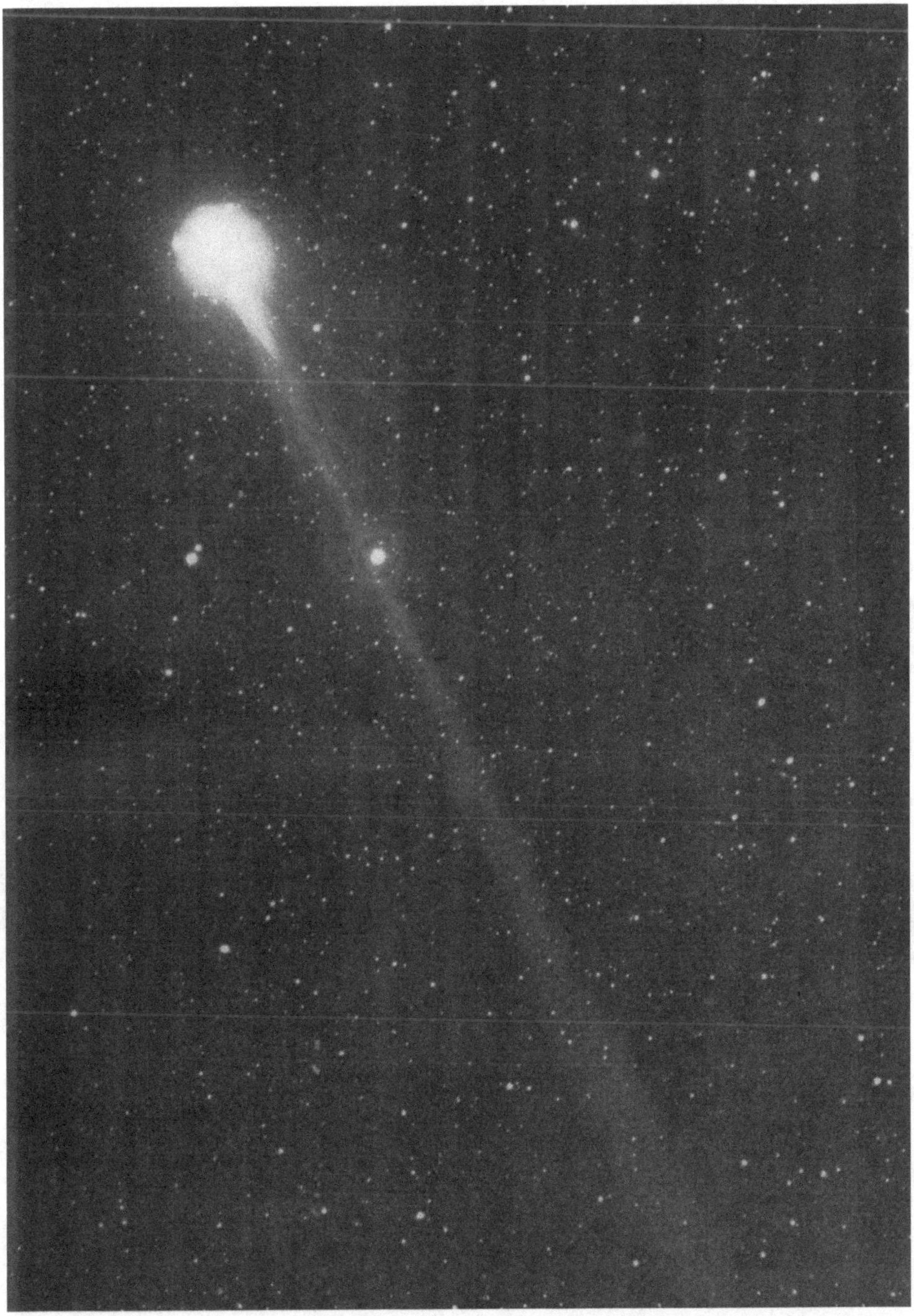

Bild 49. Komet 1943 I

1943 März 11 $2^h\,3\overset{m}{.}0$ bis $2^h\,53\overset{m}{.}0$ Platte GA 1296

Bild 50. Komet 1943 I

1943 März 11 $3^h\,0^m.0$ bis $3^h\,50^m.0$ Platte GA 1297

Bild 51. Komet 1943 I

1943 März 11 $23^h\,3^m\!.1$ bis $23^h\,53^m\!.1$ Dunst Platte GA 1298

Bild 52. Komet 1943 I

1943 März 12 $0^h\,1^m\!.1$ bis $0^h\,51^m\!.1$ Dunst Platte GA 1299

Bild 53. Komet 1943 I

1943 März 12 $1^h\,4\overset{m}{.}0$ bis $1^h\,54\overset{m}{.}0$ Dunst Platte GA 1300

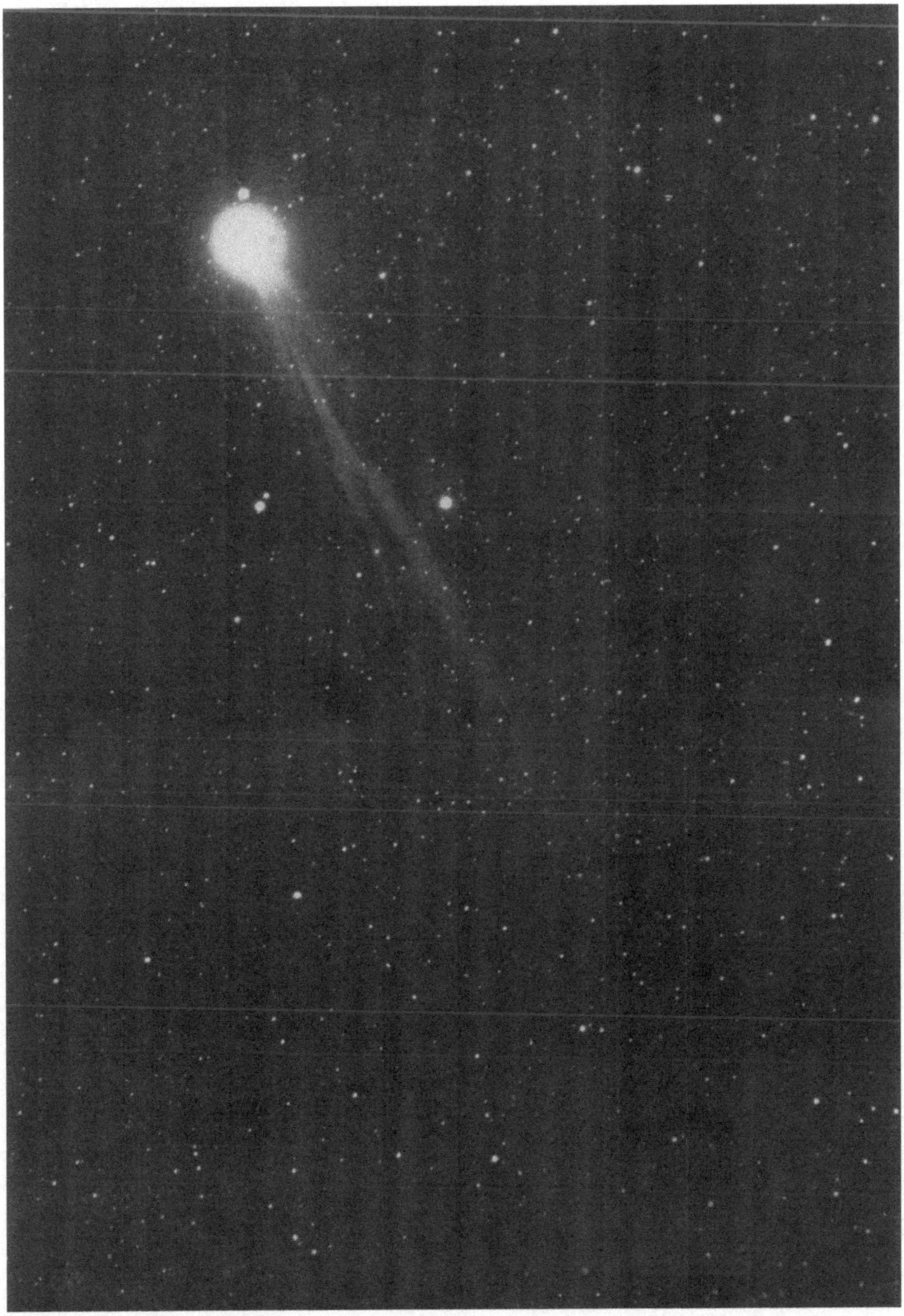

Bild 54. Komet 1943 I

1943 März 12 $2^h\,3\overset{m}{.}0$ bis $2^h\,53\overset{m}{.}0$ Dunst Platte GA 1301

Bild 55. Komet 1943 I

1943 März 12 $2^h\,56\overset{m}{.}0$ bis $3^h\,46\overset{m}{.}0$ Dunst Platte GA 1302

Bild 56. Komet 1943 I

1943 März 15 $2^h\,7^m\!.5$ bis $2^h\,57^m\!.5$ schwacher Cs Platte GA 1303

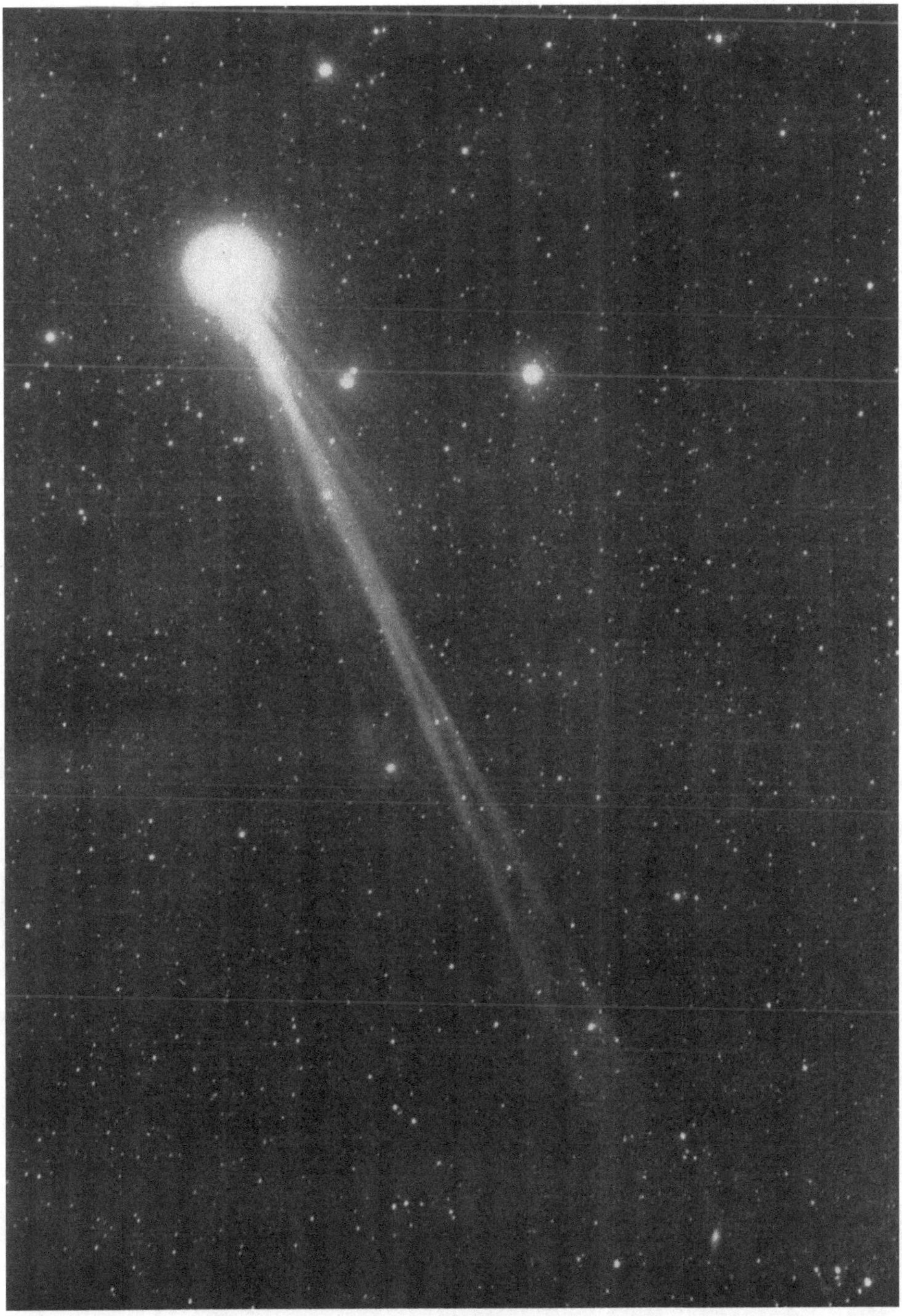

Bild 57. Komet 1943 I

1943 März 15 $2^h\,58^m\!.0$ bis $3^h\,48^m\!.0$ Cs, Beobachter R. Brandt Platte GA 1304

Bild 58. Komet 1943 I

1943 März 16 $2^h\,50^m\!.0$ bis $3^h\,40^m\!.0$ Frequenz schlecht, Beobachter R. Brandt Platte GA 1305

Bild 59. Komet 1943 I

1943 März 24 $19^h\,27^m\!.0$ bis $20^h\,19^m\!.0$ Platte GA 1306

Bild 60. Komet 1943 I
1943 März 29 $19^h 40^m.2$ bis $20^h 40^m.2$
Platte GA 1307

Bild 61. Komet 1943 I
1943 März 29 $21^h 28^m.3$ bis $22^h 41^m.3$
Platte GA 1308

Bild 62. Komet 1943 I

1943 März 29 $22^{h}\,52^{m}.3$ bis $23^{h}\,46^{m}.3$

Platte GA 1309

Bild 63. Komet 1943 I

1943 März 29 $23^{h}\,57^{m}.3$ bis $24^{h}\,47^{m}.3$

Platte GA 1310

Bild 64. Komet 1943 I

1943 März 30 $0^{h}\,59^{m}.3$ bis $1^{h}\,49^{m}.3$

Platte GA 1311

Bild 65 Komet 1943 I

1943 April 2 $21^{h}\,46^{m}.0$ bis $22^{h}\,43^{m}.0$

Von 21.55 bis 22.15 bewölkt Platte GA 1312

Bild 66 Komet 1943 I Platte GA 1313
1943 April 4 $19^{\mathrm{h}}\ 52^{\mathrm{m}}.0$ bis $20^{\mathrm{h}}\ 52^{\mathrm{m}}.0$

Bild 68. Komet 1943 I Platte GA 1323
1943 Mai 3 $21^{\mathrm{h}}\ 9^{\mathrm{m}}.0$ bis $23^{\mathrm{h}}\ 19^{\mathrm{m}}.0$

Bild 67 Komet 1943 I (rechts oben) 1943 April 23 $20^{\mathrm{h}}\ 16^{\mathrm{m}}.0$ bis $21^{\mathrm{h}}\ 50^{\mathrm{m}}.0$ Platte GA 1318